Mohammed Muye Haruna

Estudo comparativo de centrais CSP de torre solar e de calha parabólica

AF294305

Mohammed Muye Haruna

Estudo comparativo de centrais CSP de torre solar e de calha parabólica

ScienciaScripts

Imprint

Any brand names and product names mentioned in this book are subject to trademark, brand or patent protection and are trademarks or registered trademarks of their respective holders. The use of brand names, product names, common names, trade names, product descriptions etc. even without a particular marking in this work is in no way to be construed to mean that such names may be regarded as unrestricted in respect of trademark and brand protection legislation and could thus be used by anyone.

Cover image: www.ingimage.com

This book is a translation from the original published under ISBN 978-3-330-35259-9.

Publisher:
Sciencia Scripts
is a trademark of
Dodo Books Indian Ocean Ltd. and OmniScriptum S.R.L publishing group

120 High Road, East Finchley, London, N2 9ED, United Kingdom
Str. Armeneasca 28/1, office 1, Chisinau MD-2012, Republic of Moldova, Europe
Printed at: see last page
ISBN: 978-620-7-69009-1

Índice

Resumo

Os sistemas de energia solar concentrada são vistos como uma das tecnologias renováveis mais promissoras para a produção de eletricidade que irá satisfazer a crescente procura de energia a nível mundial. Este estudo tem como objetivo comparar o desempenho das centrais de Energia Solar Concentrada (CSP) de Torre Solar e de Calha Parabólica em Kano, um potencial local de CSP no Norte da Nigéria, utilizando o Solar Advisor Model (SAM) do Laboratório Nacional de Energias Renováveis (NREL). O sal fundido é utilizado como fluido de transferência de calor e fluido de armazenamento térmico para duas das tecnologias CSP consideradas. Os resultados da simulação mostram que a tecnologia CSP da Torre Solar é a mais indicada para ser adoptada no local de estudo porque tem uma produção anual mais elevada (ou seja, a maior produção anual de energia eléctrica para a rede), um fator de capacidade mais elevado, um custo nivelado de eletricidade mais baixo e um valor atual líquido mais elevado, o que a torna um projeto economicamente mais viável para o local.

1. Introdução

A energia, nas suas diversas formas, é essencial à vida. O desenvolvimento de qualquer sociedade está fortemente ligado ao fornecimento adequado de energia, uma vez que esta é essencial para os meios de outros índices de desenvolvimento, nomeadamente os transportes e as comunicações. Para além de sustentar a vida, a energia é de fundamental importância na tentativa do homem de controlar a natureza. Talvez os recursos energéticos possam ser considerados como os mais importantes de todos os recursos (homem, dinheiro, máquinas, materiais, etc.) no desenvolvimento socioeconómico e no crescimento económico de qualquer país *(Muye, 2016)*.

O objetivo do sistema energético é fornecer serviços energéticos. Os serviços energéticos são os produtos, processos ou serviços desejados e úteis que resultam da utilização de energia, como a iluminação, a cozinha, o fornecimento de ar condicionado em espaços interiores, o armazenamento refrigerado, o transporte, etc. A cadeia energética para a prestação dos serviços supramencionados começa com a recolha ou extração de energia primária, que é depois convertida em vectores de energia adequados a várias utilizações finais. Estes vectores de energia são utilizados em tecnologias de utilização final de energia para fornecer os serviços energéticos desejados *(Sambo, 2005)*.

Atualmente, a energia provém principalmente de materiais que se encontram na superfície terrestre, embora as fontes de energia não materiais (renováveis), como a luz solar, ainda não tenham sido totalmente exploradas em grande escala. A energia existe em diferentes formas, nomeadamente - mecânica, eléctrica, química, de cisão, de biomassa, geotérmica, solar, etc. Estas várias formas de energia são ainda categorizadas em três, nomeadamente combustíveis fósseis, nucleares e renováveis, que são utilizadas em todo o mundo para satisfazer as necessidades energéticas humanas *(Muye, 2003)*.

O fornecimento de energia é uma condição prévia essencial para o desenvolvimento social e económico de uma nação. Os serviços energéticos permitem satisfazer as necessidades humanas básicas, como o abastecimento alimentar adequado, a iluminação, o aquecimento, a educação e a saúde, que são os objectivos dos Objectivos de Desenvolvimento do Milénio (ODM) das Nações Unidas (ONU).

Com o aumento da população mundial, aumentaram também as suas necessidades em termos de procura de energia. Este aumento da procura de energia levou a maiores restrições às fontes convencionais de energia disponíveis, que se esgotam continuamente. Para além destes recursos fósseis limitados, a sua utilização intensiva tem também efeitos negativos para os seres humanos e a sua natureza. Entre estes, as emissões de dióxido de carbono provenientes da combustão de combustíveis fósseis são particularmente graves devido aos seus efeitos de gases com efeito de estufa. Para limitar o aquecimento global e as consequências daí resultantes a um nível controlável e aceitável (objetivo 2C), de acordo com os especialistas em clima, a emissão de gases nocivos com efeito de estufa deve ser reduzida em, pelo menos, 50% até meados do século.

O acesso a um aprovisionamento energético adequado continua a ser importante para a realização dos ODM. A importância das fontes alternativas de energia para a saúde humana e para o ambiente tem estado na base do desenvolvimento global das energias renováveis através de vários programas de desenvolvimento sustentável da ONU. Desde a cimeira mundial sobre o desenvolvimento sustentável, realizada em Joanesburgo em 2002, a necessidade de desenvolvimento das energias renováveis tem merecido grande atenção por parte dos líderes mundiais *(Olumide & Andrew, 2013)*.

O aumento da procura de eletricidade a nível mundial, associado às crescentes preocupações com as alterações climáticas e à necessidade de reduzir o impacto ambiental das centrais eléctricas convencionais baseadas em combustíveis fósseis, levou ao desenvolvimento de soluções de produção de energia inovadoras e mais sustentáveis baseadas em recursos renováveis *(Arobieke et al, 2012)*.

Têm sido envidados esforços rigorosos para responder aos desafios da procura global de energia, mas confiar apenas nos combustíveis fósseis tradicionais é sinónimo de correr um grande risco de retrocesso nas estratégias de desenvolvimento modernas. A preocupação ambiental com a produção de energia eléctrica a partir de fontes convencionais levou a um apoio público generalizado às fontes de energia renováveis. As energias renováveis poderiam fornecer até 35% das necessidades energéticas mundiais até 2030, se houvesse vontade política para promover a sua implantação em grande escala em todos os sectores a nível mundial, juntamente com medidas de eficiência energética de grande alcance *(Arobieke, et al., 2012)*.

A Nigéria dispõe de abundantes recursos energéticos renováveis, como a energia solar, a energia eólica, as pequenas centrais hidroeléctricas, a biomassa, etc. Entre estas fontes de energia renováveis, a energia solar é a mais prometedora devido à sua presença em quase todas as partes do país. A energia solar tem um potencial considerável na Nigéria e pode colmatar as principais lacunas energéticas nas zonas rurais, nomeadamente no norte da Nigéria *(Newsom, 2012)*. A Nigéria é dotada de uma insolação diária média de 6,25 horas, que varia entre cerca de 6,25 horas e 3,5 horas na região norte e na região sul do país, respetivamente *(Bala, et al., 2000)*. Em média, o país tem acesso a energia superior a 3000 MW, ou seja, 3 GW diários provenientes do sol *(Arobieke, et al., 2012)*. Estudos relevantes para a disponibilidade dos recursos de energia solar na Nigéria indicaram plenamente a sua viabilidade para utilização prática *(Bala, et al, 2000; Folayan, 1988; e Sambo, 1986)*.

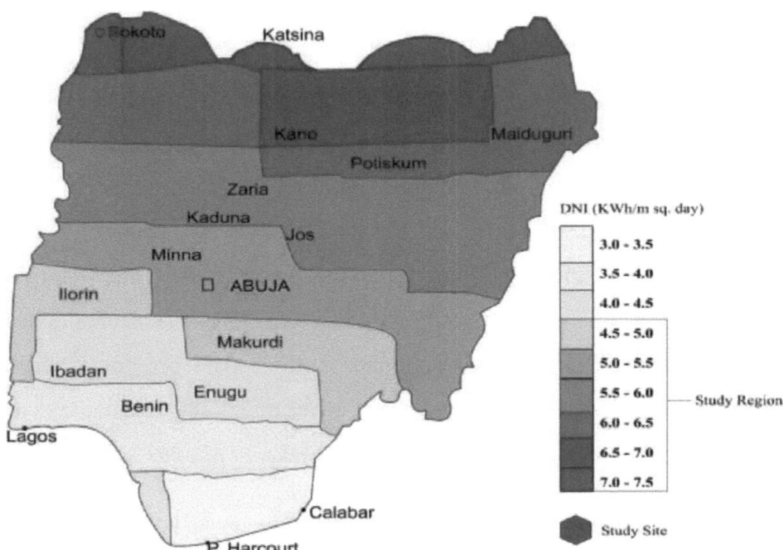

Figura 1: Mapa que mostra o DNI das cidades da Nigéria.

A irradiação direta normal mínima da Nigéria situa-se entre 4,5 e 7,5 kWh/m^2 /dia no Norte da Nigéria, sendo a mais elevada na parte Nordeste do país, como mostra a Figura 1, que atingiu o limiar mínimo de DNI de 4,1 a 5,8 kWh/m^2 /dia necessário para um projeto de concentração de energia solar economicamente viável.

Existem vários tipos de tecnologias que foram desenvolvidas para recolher a energia do sol. A energia fotovoltaica (PV), que é a conversão direta da energia da luz em eletricidade, e a energia solar térmica concentrada, também chamada energia solar concentrada (CSP), que utiliza um espelho para concentrar a energia da luz, são os dois tipos de tecnologia conhecidos para utilizar a energia solar. De acordo com *Habib, et al. (2012)*, a energia fotovoltaica é adequada para soluções pequenas ou fora da rede.

O processo de produção de eletricidade a partir da CSP é praticamente idêntico ao das centrais térmicas convencionais a combustíveis fósseis, sendo a diferença a fonte de combustível. Uma central CSP típica utiliza reflectores e espelhos parabólicos para fazer incidir os raios solares num coletor de calor. Os fluidos de transferência de calor, como o óleo sintético, são utilizados para transferir o calor do coletor para permutadores de calor onde a água é sobreaquecida. O vapor sobreaquecido faz funcionar uma turbina que, por sua vez, acciona um gerador para gerar eletricidade *(Habib, et al., 2012)*.

Atualmente, existem quatro categorias de CSP, com modos de funcionamento semelhantes, mas com diferentes formas de receber e amplificar a energia do sol. As quatro categorias incluem: sistemas de calha parabólica, refletor linear de Fresnel (LFR), torre solar ou sistema de recetor central (CRS) e sistemas de prato parabólico ou de prato Stirling. As quatro categorias podem ser divididas em dois grupos com base na forma como concentram a irradiação no recetor. As concepções LFR e Parabolic trough são classificadas como sistemas de focagem em linha. Nesta conceção, os colectores seguem o sol e concentram a irradiação num absorvedor linear (normalmente tubos de aço inoxidável). O absorvedor move-se em conjunto com o conjunto do coletor à medida que este segue a direção do sol na conceção de calha parabólica. O LFR utiliza um recetor linear fixo virado para baixo, posicionado num ponto focal comum dos reflectores. Nos modelos Dish Stirling e CRS, os colectores seguem a direção do sol e concentram a irradiação num único ponto recetor. Neste tipo de conceção, obtém-se uma temperatura mais elevada e facilita-se o transporte do calor recolhido para o bloco de energia *(Olumide e Andrew, 2013 como citado em Muye, Kasim e Garba, 2015)*.

Os sistemas CSP são ideais para ligação à rede, embora possam ser concebidos pequenos sistemas fora da rede; são a tecnologia solar mais adequada, capaz de fornecer eletricidade à escala dos serviços públicos e são normalmente utilizados para fornecer energia de base, quando existem *(Habib, et al., 2012)*. No final de 2012, a CSP contribuía com cerca de 1700 MW de eletricidade para a produção mundial de eletricidade *(Olumide e Andrew, 2013)*.

A energia solar concentrada (CSP) começou a ter uma penetração crescente nos mercados mundiais da eletricidade. Nos últimos 6 anos, a capacidade instalada de

CSP aumentou de 355 para 2550 MW *(IRENA, 2012; CSP world.com)* e, de acordo com relatórios da Agência Internacional da Energia, prevê-se que a capacidade instalada de CSP continue a aumentar até 1500 GW em 2050 *(Philibert, et al., 2010)*.

O aspeto inovador das CSP é o facto de poderem ser equipadas com um armazenamento térmico em que o excesso de calor é desviado para material de armazenamento, como sais fundidos. Após o pôr do sol, o sal fundido é utilizado como fluido de transferência de calor para o sistema. O armazenamento térmico garante que a turbina possa funcionar sempre a plena carga e com uma eficiência óptima, o que, por sua vez, torna a central eléctrica mais rentável. Isto aumenta significativamente o fator de capacidade da CSP em comparação com a energia solar fotovoltaica e, mais importante ainda, permite a produção de eletricidade despachável, o que pode facilitar tanto a integração na rede como a competitividade económica. As tecnologias CSP beneficiam, por conseguinte, dos progressos registados nas tecnologias de concentradores solares e de armazenamento térmico, enquanto outros componentes das centrais CSP se baseiam em tecnologias bastante maduras e não podem esperar rápidas reduções de custos *(www.irena.org)*.

A capacidade potencial total de CSP para catorze estados da linha da frente do Norte da Nigéria, conforme relatado por *(Habib et al, 2012)*, é estimada em 427.829 MW e o potencial de eletricidade em 26.841TWh/ano, conforme apresentado na Tabela 1. Área de terra elegível em km^2 = 1 % da área estimada do DNI, Fator de capacidade = 40 % (condição da central CSP de Andasol), e Sol médio diário = 6,5 horas.

Tabela 1: Estimativa do potencial solar CSP de 14 estados seleccionados na Nigéria.

Selecionado Estados	Área do DNI (%)	DNI Área com declive inferior a 3 % (km)^2	Elegível Área (km)^2	Potencial CSP Capacidade (MW)
Adamawa	50	9,489	474	14,233
Bauchi	100	14,459	722	21,688
Borno	100	65,490	3,274	98,235
Gombe	95	13,245	662	19,867
Jigawa	60	11,239	561	16,858
Kaduna	50	11,054	552	16,581
Kano	100	16,311	815	24,466
Katsina	90	17,151	857	25,727
Kebbi	60	17,433	871	26,150
Níger	50	25,222	1,261	37,834
Planalto	80	16,984	849	25,477
Sokoto	50	11,251	562	16,876
Yobe	80	32,313	1,615	48,470
Zamfara	100	23,566	1,178	35,350
TOTAL				*427,820*

Fonte: Avaliação climática da Nigéria, relatório preliminar (Banco Mundial / Decisão Lumina) 2011. *Nota*: Capacidade estimada em 50 MW/km

A escala do potencial de energia renovável é muito maior do que o público ou os decisores políticos se podem aperceber. Estudos recentes avaliam de forma credível o potencial de energia solar térmica concentrada na Nigéria em mais de 427.000 MW. Os níveis actuais de produção de energia, de cerca de 5000 MW, satisfazem apenas uma fração da procura, e as energias renováveis poderiam desempenhar um papel cada vez mais importante. A produção de energia renovável em grande escala poderia ser transformadora, mas os pequenos sistemas ao nível dos consumidores e dos agregados familiares poderiam oferecer independência energética à maioria das pessoas com acesso limitado ou nulo a eletricidade fiável *(Newsom, 2012)*.

Foram efectuados muitos estudos para determinar o potencial de funcionamento das centrais CSP na Nigéria. Estes estudos indicaram plenamente que as centrais CSP de grande escala podem ser implantadas na parte norte do país para a produção sustentável de energia eléctrica *(Habib, et al., 2012; Usman, 2012; Olumide e Andrew, 2013)*.

Habib, et al., 2012 examinaram o potencial solar fotovoltaico e de CSP da Nigéria para o desenvolvimento sustentável da eletricidade. O estudo apresentou a capacidade potencial de CSP de catorze estados seleccionados no Norte da Nigéria, o que indica um elevado potencial. A produção potencial de eletricidade e a capacidade de CSP dos estados seleccionados foi estimada em 26 841 TWh/ano e 427 820 MW. O relatório destacou os desafios que afectam o desenvolvimento da CSP na Nigéria, incluindo: elevado custo de investimento inicial em comparação com as centrais convencionais com a mesma produção, falta de empresas de produção nacionais, falta de pessoal formado para instalar e manter o equipamento existente, baixa eficiência do sistema em comparação com as centrais convencionais e falta de tecnologia de armazenamento adequada para as centrais em funcionamento.

Usman, 2012, faz uma análise exaustiva das potencialidades das energias renováveis e da sua distribuição para o desenvolvimento rural. O documento recomenda, entre outros, o estabelecimento de uma agência de financiamento de energias renováveis que financiará projectos de energias renováveis no país e a criação de um ambiente propício para atrair investimentos no sector das energias renováveis.

Olumide e Andrew, 2013, analisaram a tecnologia CSP e o seu potencial contributo para o fornecimento de eletricidade no Norte da Nigéria. Os resultados discutidos no estudo mostram que os subsídios e o baixo preço interno do gás no país continuarão a distorcer o mercado e também a criar uma barreira às energias renováveis. Para incentivar a tecnologia das energias renováveis, como a CSP, o documento recomenda a criação de estratégias para eliminar gradualmente o subsídio generalizado e rever o preço interno do gás em vigor.

As três tecnologias CSP mais comuns, nomeadamente as torres solares, as calhas parabólicas e as centrais lineares de Fresnel, estão em funcionamento no Sul de Espanha e os dados obtidos por estas centrais permitem estudar o seu potencial de aplicação em diferentes locais.

A implantação comercial das centrais CSP começou em 1984 nos EUA com as centrais SEGS até 1990, altura em que foi concluída a última central SEGS. De 1991 a 2005, não foi construída nenhuma central CSP em qualquer parte do mundo. O Quadro 2 apresenta a implantação comercial das centrais CSP por ano.

Quadro 2: Implantação comercial de centrais CSP

Ano	1984	1985	1989	1990	2006	2007	2008	2009	2010	2011	2012
Instalado Capacidade (MW)	14	60	200	80	1	74	55	178.5	306.5	628.5	802.5
Acumulado	14	74	274	354	355	429	484	662.5	969	1597.5	2553

Fonte: REN21 (2014).

Atualmente, as tecnologias CSP estão comercialmente implantadas nos Estados Unidos e na Europa (Espanha). A implantação bem sucedida nestes países é um exemplo para outros com abundante radiação solar direta e terrenos baratos. Algumas das centrais de calha parabólica e de torre solar já em funcionamento têm 6 a 7,5 horas de capacidade de armazenamento térmico. Os seus factores de capacidade aumentam de 20 % a 28 % (sem armazenamento) para 30 % a 40 %, com 6 a 7,5 horas de armazenamento *(Emerging Energy Research, 2010)*.

Em Espanha, entrou recentemente em funcionamento uma central de demonstração de torres solares de 19-20 MW com 15 horas de armazenamento de sais fundidos, construída pela Gemasolar. Deverá permitir quase 6500 horas de funcionamento por ano com um fator de capacidade de 74% *(Emerging Energy Research, 2010)*. Vários projectos de ciclo combinado solar integrado (ISCC) que utilizam energia solar e gás natural foram concluídos ou estão em desenvolvimento na Argélia, no Egipto e em Marrocos; outros estão em construção em Itália e nos EUA. Um pequeno campo solar (LFR) assiste atualmente uma grande central a carvão na Austrália *(Ernst & Young e Fraunhofer, 2011)*.

No final de 2010, cerca de 1 229 MW de capacidade de centrais CSP comerciais estavam em funcionamento em todo o mundo, dos quais 749 MW estavam instalados em Espanha, 509 MW nos Estados Unidos e 4 MW na Austrália *(NREL, 2012)*.

No final de março de 2012, a capacidade global instalada de centrais CSP tinha aumentado para cerca de 1,9 GW. A Espanha domina a capacidade total instalada, com cerca de 1.330 MW de capacidade instalada. Os Estados Unidos têm a segunda maior capacidade instalada, com 518 MW operacionais no final de 2011 *(Woodhead Publishing Limited, 2012)*. A Tabela 3 apresenta a capacidade CSP à escala de serviços públicos por país no final de 2011/início de 2012.

Tabela 3: Capacidade CSP à escala da utilidade pública

País	Espanha	EUA	Argélia, Austrália, França, Itália e Marrocos
Capacidade operacional (MW)	1,331	518	75

Fonte: NREL, 2012.

Embora ainda limitada em termos de capacidade instalada global, a CSP está claramente a atrair um interesse considerável. No início de 2012, a Espanha tinha cerca de 873 MW de centrais eléctricas CSP em construção e mais 271 MW em fase de desenvolvimento. Os Estados Unidos têm 518 MW em funcionamento, cerca de 460 MW em construção e Giga watts de capacidade que estão a ser estudados para desenvolvimento. A capacidade total dos projectos que solicitaram o acesso à rede em Espanha ultrapassa os 10 GW, embora nem todos estes projectos venham a ser lançados ***(Ernst & Young e Fraunhofer, 2011)***.

Atualmente, praticamente todas (94%) as centrais CSP instaladas baseiam-se em sistemas de calha parabólica, com uma capacidade global de cerca de 1,8 GW. As centrais de torres solares têm uma capacidade instalada de cerca de 70 MW. Existem cerca de 31 MW de capacidades de reflectores Fresnel em Espanha e 4 MW na Austrália ***(NREL, 2012)***.

A Iniciativa Europeia para a Indústria Solar prevê que a capacidade total instalada de CSP possa aumentar para 30 GW até 2020 e 60 GW até 2030. Isto representa 2,4 % e 4,3 % dos capacidade de eletricidade prevista para a UE-27 em 2020 e 2030, respetivamente. O roteiro da tecnologia CSP da AIE estima que a capacidade global de CSP poderá aumentar para 147 GW em 2020, com 50 GW na América do Norte e 23 GW em África e no Médio Oriente, se todas as condições do roteiro forem cumpridas. Em 2030, a capacidade total instalada de centrais CSP na sua análise aumenta para 337 GW e depois triplica para 1089 GW em 2050 ***(Emerging Energy***

Research, 2010).

As centrais de calha parabólica são as centrais CSP mais utilizadas comercialmente, mas são esperadas melhorias no desempenho e reduções de custos. Praticamente todos os sistemas PTC atualmente implantados não dispõem de armazenamento de energia térmica e só produzem eletricidade durante o dia. A maioria dos projectos CSP atualmente em construção ou desenvolvimento baseia-se na tecnologia de calha parabólica, uma vez que é a tecnologia mais madura e apresenta o menor risco de desenvolvimento. As calhas parabólicas e as torres solares, quando combinadas com o armazenamento de energia térmica, podem satisfazer os requisitos de uma central eléctrica programável à escala dos serviços públicos *(www.irena.org/doc)*.

Os sistemas de torres solares e de Fresnel linear estão apenas a começar a ser implantados e existe um potencial significativo para reduzir os seus custos de capital e melhorar o desempenho, em especial no caso das torres solares. No entanto, os sistemas de calha parabólica, com a sua experiência operacional mais longa em centrais de dimensão utilitária, representam atualmente uma opção menos flexível, mas de baixo risco. Há um interesse crescente em torres solares que funcionam a altas temperaturas, utilizando sal fundido ou outras alternativas ao óleo sintético como fluido de transferência de calor e meio de armazenamento, devido ao potencial de redução de custos, maior eficiência e oportunidades alargadas de armazenamento de energia. As torres solares que utilizam sal fundido como fluido de transferência de calor a alta temperatura e meio de armazenamento (ou outro meio de alta temperatura) parecem ser a tecnologia CSP mais promissora para o futuro. Isto baseia-se nos seus baixos custos de armazenamento de energia, no elevado fator de capacidade alcançável, na maior eficiência do ciclo de vapor e na sua capacidade de produção firme *(NREL, 2012)*.

Neste estudo, o comportamento das tecnologias de energia solar concentrada de torre solar e de calha parabólica é simulado para Kano, no norte da Nigéria, utilizando o software System Advisor Model (SAM) do Laboratório Nacional de Energias Renováveis (NREL), versão 2014.

2. Objectivos

Os objectivos do estudo incluem;

i.   Avaliar o desempenho da operação de uma determinada tecnologia de energia solar concentrada com capacidade de turbina de 100 MWe, nomeadamente; torre solar e calha parabólica no local selecionado,

ii.   Comparar o desempenho e a viabilidade financeira das tecnologias CSP no local selecionado

3. Metodologia

O local selecionado para o estudo baseou-se no resultado da capacidade potencial de CSP de alguns estados seleccionados no Norte da Nigéria, conforme consta da Avaliação Climática da Nigéria, relatório preliminar (Banco Mundial/Decisão Lumina) 2011 e relatado por *Habib et al., 2012*. A tecnologia CSP utilizada baseou-se nas condições meteorológicas e no terreno dos locais de estudo.

Neste estudo, o System Advisory Model (SAM) do National Renewable Energy Laboratory (NREL), uma das técnicas de modelação e análise de instalações CSP, foi utilizado para modelar as tecnologias CSP de torre solar de sal fundido e de calha parabólica de sal fundido com capacidade de turbina de 20 MW, utilizando o ficheiro de dados de recursos em formato EPW da Meteonorm Meteorological Database, que descreve as condições meteorológicas ambientais de Sokoto, um dos locais potenciais para CSP na Nigéria.

As especificações da central CSP para a tecnologia selecionada foram obtidas principalmente a partir de: "Gemasolar" NREL/Solar PACES website para a tecnologia de energia solar, "Andasol-1" NREL/Solar PACES website para a tecnologia Parabolic Trough, condições dos locais de estudo e conteúdos de ajuda SAM.

Os pressupostos financeiros para este estudo foram compilados principalmente a partir do Banco Central da Nigéria e de *www. tradingeconomics.com/nigeria.* O mercado considerado foi o de Produtor Independente de Energia.

4. Descrição das centrais CSP de torre solar e de calha parabólica

As torres solares (frequentemente designadas por centrais solares de receção central) geram energia eléctrica a partir da luz solar, concentrando a irradiação solar concentrada através de espelhos num permutador de calor montado na torre *(Andreas, et al., 2013)*. O campo de colectores é constituído por uma série de helióstatos (espelhos) no centro dos quais está instalada uma torre *(Poullikkas, et al., 2009)*. No topo da torre, encontra-se um recetor central destinado a recolher o calor do sol. A energia concentrada pode ser até 1.500 vezes superior à energia solar. As perdas de energia do transporte de energia térmica são minimizadas, uma vez que a energia solar é transferida diretamente por reflexão dos helióstatos para o recetor central, em vez de ser movida através de um meio de transferência para um recetor central, como acontece com as centrais de calha parabólica *(Andreas, et al., 2013)*. No recetor, a energia solar é absorvida por um fluido de transferência de calor (sal fundido, água, sódio líquido ou ar) que é aquecido até temperaturas de 500 - 1000° C, sendo depois utilizado para gerar vapor para alimentar uma turbina convencional que converte a energia térmica em eletricidade *(Kalogirou, 2010)*. Estas centrais são mais adequadas para aplicações de grande escala na gama de 30 MW a 400 MW *(Andreas, et al., 2013)*.

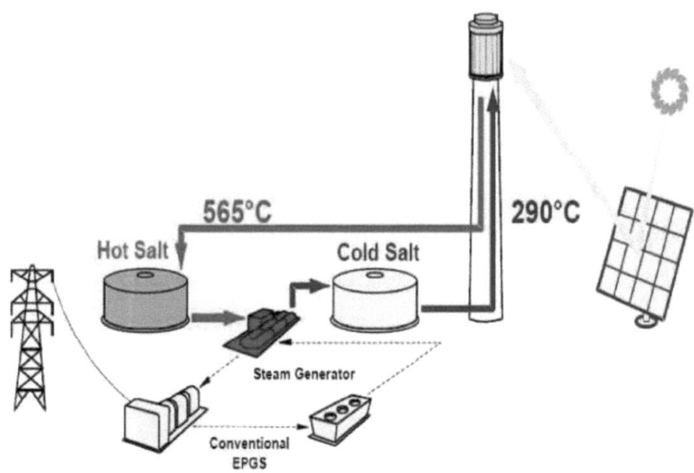

Figura 2: Esquema simplificado de um sistema de torre de energia solar com armazenamento térmico de sal fundido.

As calhas parabólicas têm um campo solar que consiste num grande campo de colectores solares de seguimento de eixo único. O campo solar é modular por natureza e é composto por muitas filas paralelas de colectores solares alinhados com os seus eixos longos orientados de norte a sul e montados em suportes que lhes permitem seguir o sol de leste a oeste através do céu. Cada coletor solar tem um refletor linear de forma parabólica que concentra a irradiação do feixe direto do sol num recetor linear (ou tubo absorvente) posicionado ao longo do comprimento do refletor parabólico no seu foco *(Poullikkas, et al., 2009)*.

Para recolher o calor concentrado, um fluido de recolha de calor é bombeado através do recetor linear. O fluido de recolha de calor é tipicamente um óleo sintético, semelhante ao óleo de motor, capaz de funcionar a altas temperaturas. Durante o funcionamento, é provável que atinja entre 300°C e 400°C. Depois de circular através dos receptores, o óleo passa por um permutador de calor onde o calor que contém é extraído para produzir vapor num sistema selado separado. O vapor gerado é então utilizado para acionar um gerador de turbina a vapor para produzir eletricidade. As condições típicas de vapor atingidas na entrada da turbina são 370°C - 395°C a 100 bar. O vapor gasto da turbina é condensado num condensador e devolvido ao permutador de calor através de bombas de condensado e de água de alimentação para ser transformado novamente em vapor. O arrefecimento do condensador é normalmente fornecido por torres de arrefecimento húmido de tiragem mecânica, embora o arrefecimento a seco seja também uma opção alternativa em áreas isoladas de fontes de água. O fluido de recolha de calor é então reencaminhado através do campo de colectores solares para recolher mais calor *(Andreas, et al., 2013)*.

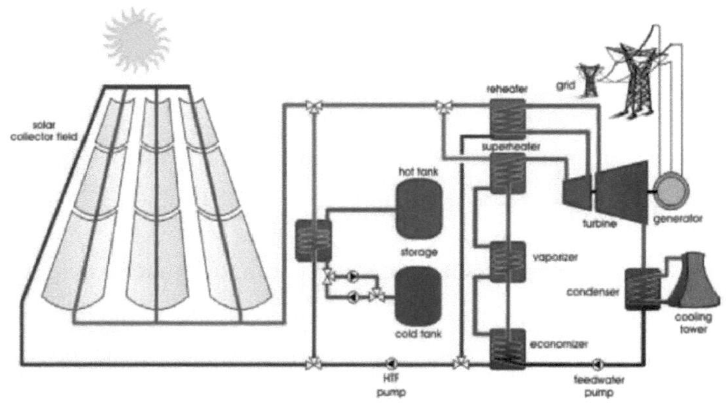

Figura 3: Esquema simplificado de um sistema de calha parabólica

5.   Processo de simulação

O processo de simulação adotado para este estudo inclui;

i.   Configuração dos componentes do recetor e do coletor,

ii.   Seleção do HTF e especificação das temperaturas de funcionamento,

iii. Dimensionamento/Configuração do campo solar

iv.   Especificação do ponto de conceção do ciclo de potência,

v.   Especificação dos parâmetros de armazenamento térmico,

vi.   Especificação dos parâmetros financeiros, e;

vii. Otimização do múltiplo solar, da capacidade do TES e do sistema de arrefecimento.

No dimensionamento do campo solar, o caudal mássico do fluido de transferência de calor (HTF) no recetor tem de ser modulado de modo a atingir a temperatura de saída desejada do HTF do recetor. Neste estudo, para a tecnologia CSP de calha parabólica, foram experimentadas manualmente diferentes taxas de caudal mássico para obter a temperatura de saída desejada do HTF do recetor. Este método experimental é uma técnica fácil e comprovada, uma vez que a temperatura de saída desejada do fluido de transferência de calor do recetor é conhecida. No entanto, a equação 3 pode ser utilizada para o cálculo do caudal mássico. Por outro lado, para a tecnologia CSP de torre solar, o caudal mássico foi calculado pelo software de modelização com base na temperatura de saída do HTF do recetor e na temperatura máxima do HTF para o recetor.

Para a tecnologia de torre solar CP, o caudal mássico do fluido de transferência de calor (HTF) no recetor é expresso como;

Em que; = potência total incidente no recetor

= Eficiência total do recetor

= capacidade térmica do HTF

= Variação da temperatura do HTF

A potência total incidente no recetor é dada pela seguinte expressão;

Em que; = área de superfície do recetor

= refletividade do espelho/coletor

= Eficiência total do campo

= Radiação do feixe horizontal incidente

= Fração do campo que está a seguir

Por outro lado, o caudal mássico do fluido de transferência de calor (HTF) no recetor para a tecnologia CSP de calha parabólica é expresso como

Onde; = área do conjunto de colectores solares

= número do conjunto de colectores solares

= Eficiência total do coletor

= Radiação do feixe horizontal incidente

= capacidade térmica do HTF

= Variação da temperatura do HTF

6. Aquisição de dados

Este estudo usou o ficheiro climático de Kano EPW da base de dados Meteonorm 7 que foi carregado no software SAM. A topografia básica e as condições climatéricas ambientais do local de estudo são apresentadas na Tabela 4. Os períodos de temperatura e radiação dos dados são entre 2000 - 2009 e 1986 - 2005, respetivamente.

Tabela 4: Topografia básica e condições climatéricas do local de estudo

Parâmetros		Valores	Fonte
Latitude	(° N)	12.1	Meteonorm V7.0.22.8
Longitude	(° E)	8.5	Meteonorm V7.0.22.8
Altitude	(m)	481	Meteonorm V7.0.22.8
Temperatura ambiente	(° C)	29.5	Meteonorm V7.0.22.8
Velocidade média global do vento	(m/s)	3.5	Meteonorm V7.0.22.8
Irradiação normal direta	(KWh/m^2/dia)	5.94	*Solarelectricity Handbook. com*

Os períodos de temperatura e radiação dos dados são entre 2000 - 2009 e 1986 - 2005, respetivamente. O modelo de temperatura e radiação utilizado é o Standard, enquanto o modelo de radiação de inclinação é o Perez.

O parâmetro meteorológico que tem maior influência no desempenho de uma central CSP é claramente a Irradiância Normal Direta (DNI). Também a latitude de uma central CSP tem um efeito na sua produção, uma vez que as perdas angulares são maiores em latitudes elevadas devido à menor posição do sol e também devido à duração reduzida da radiação solar disponível durante o inverno ***(Hoyer, et al., 2009)***.

A média anual do DNI, a sua distribuição de frequência e o seu ciclo anual podem influenciar o desempenho das centrais CSP (*Hoyer, et al., 2009*). A tecnologia de arrefecimento, de acordo com *Wagner e Kutscher (2010),* tem uma grande influência no rendimento energético das centrais CSP.

Tendo em conta o que precede e com base nos factores de conceção típicos apresentados nos conteúdos de ajuda do SAM, parâmetros como a irradiação do ponto de conceção, o ângulo de inclinação do coletor, que é o mesmo que a latitude de um local, a temperatura ambiente no ponto de conceção e o tipo de condensador foram revistos para este estudo. Além disso, foi considerada uma série de parâmetros de configuração, como o múltiplo solar (SM), a hora de armazenamento de energia térmica (TES) e o sistema/tecnologia de arrefecimento, para avaliar como o valor operacional e de capacidade varia com a configuração.

As especificações do sistema/central para as duas tecnologias consideradas foram obtidas principalmente no sítio Web "Gemasolar" do NREL/Solar PACES para a tecnologia de energia solar, no sítio Web "Andasol-1" do NREL/Solar PACES para a tecnologia de calha parabólica, nas condições do local de estudo e nos conteúdos de ajuda do SAM. O sal fundido é utilizado como fluido de transferência de calor e fluido de armazenamento térmico para duas das tecnologias CSP consideradas. O mercado considerado para este estudo é o dos produtores independentes de eletricidade. Os pressupostos financeiros para este estudo foram compilados principalmente a partir do *Banco Central da Nigéria* e *www.tradingeconomics.com/nigeria.*

Os valores das especificações do sistema para as tecnologias de energia solar concentrada de torre solar e de calha parabólica são apresentados na Tabela 5 e na Tabela 6, respetivamente. Os valores dos pressupostos financeiros adotados para este estudo são apresentados na Tabela 7.

Tabela 5: Entradas de especificação do sistema para a central CSP de torre solar

Parâmetros/ Variáveis	Valores	Observação / Fonte
Campo Heliostático		
Solar múltiplo	2	Definido pelo utilizador
Número de Helióstatos	8,038	Optimizado
Abertura do campo solar (m)^2	118.81 m^2	Optimizado
Fluido de transferência de calor/recetor Fluido	Sal fundido	As temperaturas de funcionamento são mais elevadas do que as do óleo sintético HTF e são semelhantes às do óleo normal
		turbinas a vapor, e é não inflamável e não tóxico. Além disso, o seu custo é inferior ao do petróleo.
Irradiação na conceção	800 W/m^2	Para sistemas com colectores horizontais e um ângulo de azimute do campo igual a zero . *www.n rel. sam/h elp*
Torre e recetor		
Tipo de recetor	Externo	Estado da central Gemasolar
Altura do recetor	19.24 m	Optimizado
Diâmetro do recetor	12.03 m	Optimizado
Altura da torre	164.4 m	Optimizado
Ciclo de energia		

Capacidade da turbina de projeto	100 MW	Definido pelo utilizador
Temperatura de projeto da entrada do HTF	565° C	Típico para HTF de sal fundido
Temperatura de projeto à saída do HTF	290° C	Típico para HTF de sal fundido
Temperatura de proteção contra congelamento	260 C^0	Sempre ajustado acima da temperatura de congelação HTF
Tipo de condensador	Refrigerado a ar	Definido pelo utilizador
Temperatura ambiente no projeto	28,5° C	É sempre considerado como o valor da temperatura ambiente de bolbo seco do local para as opções de condensador arrefecido a ar.
ITD no ponto de conceção	16° C	Modulado por SAM
Modo de despacho fóssil	Funcionamento suplementar	Este modo pressupõe uma reserva de segurança em percentagem de
		capacidade máxima do sistema. *www.n rel. sam/h elp*
Armazenamento térmico		
Horas de carga completa de TES	8	Definido pelo utilizador
Temperatura inicial do HTF quente	565° C	Típico para HTF de sal fundido
Calendário de expedição	Expedição de uniformes	Definido pelo utilizador

Altura do depósito	20 m	Definido pelo utilizador
Líquido de armazenamento	Sal fundido	É líquido à pressão atmosférica, fornece um meio de baixo custo para armazenar energia térmica, o seu funcionamento As temperaturas são compatíveis com as actuais turbinas a vapor

Quadro 6: Entradas da especificação do sistema para a central CSP de calha parabólica

Parâmetros/Variáveis	Valores	Observações
Coletor/campo solar		
Tipo de recetor	Schott PTR 70	Mais usado para a planta CSP. Tem transmissividade$\geq$96%, absorvência $\geq$95% e emissividade$\leq$ 10% a 400^0 C.
Tipo de coletor	Euro Trough (ET 150)	Tem baixo custo, estrutura rígida, elevado desempenho ótico, menos
		peso específico e muito fácil de instalar.
Ângulo de inclinação do coletor	12.1 $^\circ$	Valor absoluto da latitude dos sítios. Esta é a inclinação que, em geral, maximiza a radiação solar anual no plano da linha solar coletor. www.retscreen.net

Ângulo de azimute do coletor	0 °	Assume-se que os conjuntos de colectores estão orientados de norte a sul.
Solar Múltiplo	2	Definido pelo utilizador
Número de colectores	1,248	Estado da central CSP de Andasol
Abertura do campo solar (m)	510,120	Estado da central CSP de Andasol
Irradiação na conceção	800 W/m^2	Para sistemas com colectores horizontais e um ângulo de azimute do campo igual a zero . www.nrel. sam/help
Fluido de transferência de calor/fluido recetor	Sal fundido	As temperaturas de funcionamento são mais elevadas do que as do óleo sintético HTF e são semelhantes às das turbinas a vapor normais, e não é inflamável nem tóxico. O seu custo é também inferior ao do petróleo.
Ciclo de energia		
Capacidade - Projeto bruto resultado	100 MW	Definido pelo utilizador
DesignHTFinlet temperatura	565° C	Típico para HTF de sal fundido
DesignHTFoutlet temperatura	290° C	Típico para HTF de sal fundido
Proteção contra	260 C^0	Sempre definido acima do HTF de

congelamento temperatura		congelação temperatura
Modo de despacho fóssil	Suplementar funcionamento	Este modo pressupõe uma reserva de segurança em percentagem da capacidade máxima do sistema. ***www. nrel. sam/help***
Tipo de backup fóssil	Gás natural	Estado da central CSP de Andasol
Percentagem de cópia de segurança	12%	Estado da central CSP de Andasol
Tipo de condensador	Refrigerado a ar	Definido pelo utilizador.
Temperatura ambiente no projeto	28,5° C	Valor da temperatura ambiente do bolbo seco do local, uma vez que vai ser utilizado um condensador arrefecido a ar. www.nrel. sam/help
ITD no ponto de conceção	16° C	Modulado por SAM
Armazenamento térmico		
Horas de carga completa de TES	8 horas	Definido pelo utilizador
Temperatura inicial do HTF quente	565° C	Típico de HTF de sal fundido
Altura do depósito	20 m	Definido pelo utilizador
Calendário de expedição	Expedição de uniformes	Definido pelo utilizador.
Líquido de armazenamento	Sal fundido	Grande capacidade de armazenamento de energia durante

		longos períodos de tempo com perdas insignificantes.
Ajuste de desempenho		
Diminuição da produção de ano para ano	0.5	Estado da central CSP de Andasol

***Quadro* 7**: Pressupostos financeiros para o estudo

Parâmetros	Valores	Observações
Taxa de inflação	8.5%	www.cenbank.org.Retrieved em12[th] outubro, 2014
Fração da dívida	50%	Definido pelo utilizador. www.nrel.sam/help
Taxa de juro do empréstimo/dívida	12%	www.tradingeconomics.com/nigeria/interest-rate. Recuperado em 12th outubro, 2014
Taxa de imposto sobre o rendimento	30%	www.tradingeconomics.com/nigeria/co-operar -taxa-taxa. Recuperado em 12th outubro, 2014
Imposto sobre as vendas (IVA)	5%	www.tradingeconomics.com/nigeria/sales-tax-rate. Recuperado em 12th outubro, 2014
Taxa de desconto	4.25%	www.cenbank.org/dicount - taxa. Recuperado em 12th outubro, 2014
Taxa anual de seguro	0.75%	www.tradingeconomics.com/nigeria/insurance-rate. Recuperado em 12th outubro, 2014
TIR mínima exigida	15 %	Objetivo pretendido. www.nrel.sam/help
Taxa de escalonamento	1.2%	Objetivo pretendido. www.nrel.sam/help

dos CAE		
Depreciação (Federal)	25 anos	www.nrel. sam/help
Incentivos	0%	www.nrel. sam/help
Taxa de adiantamento	2.5%	A adicionar ao montante dos juros do empréstimo para construção para ajudar a calcular o custo total do financiamento da construção .
		www.nrel. sam/help

7. Resultados e discussão

7.1 Resultados técnicos e discussão

Os resultados técnicos/desempenho gerados pela SAM 2014.1.14 são apresentados em

Quadro 8 para todos os sítios e tecnologias considerados.

Tabela 8: Resultados do desempenho das tecnologias CSP no local

	Variáveis	Tecnologias/Valores CSP	
		Torre solar	Calha parabólica
Principais métricas	Produção anualGWh	342.64	97.88
	Fator de capacidade %	43.50	12.40
	Consumo anual de água m	70,547	56,908

Os parâmetros do sistema de energia solar utilizados para a análise do desempenho das tecnologias CSP consideradas neste estudo são o rendimento energético total (produção anual de energia eléctrica do sistema) e o fator de capacidade.

7.1.1 Produção anual de energia eléctrica

A partir da Tabela 8, observa-se que a tecnologia CSP de torre solar tem a maior produção anual de energia eléctrica de 343 GWhe, tendo a tecnologia CSP de calha parabólica um valor de 98 GWhe. Este resultado indica uma menor eficiência bruta em relação à eficiência líquida do conceito de CSP de calha parabólica (250 %).

7.1.2 Fator de capacidade

O fator de capacidade é o número de horas por ano que a central de energia solar concentrada pode produzir eletricidade. A partir do Quadro 8, os factores de capacidade das tecnologias CSP consideradas são de 43,5% e 12,4% para as centrais CSP de torre solar e de calha parabólica, respetivamente. Os resultados indicam que o fator de capacidade da central CSP de torre solar é cerca de 31% mais elevado do que o da central parabólica. Isto deve-se ao bom desempenho da central CSP de torre solar em termos de produção de energia eléctrica

7.1.3 Consumo anual de água

Atualmente, a questão da escassez de água é um dos problemas mais importantes enfrentados pela indústria CSP. ***Azoumah, et al., 2010*** observaram que a água é um dos principais parâmetros necessários para cumprir os requisitos técnicos para a implementação de uma central CSP. O custo da água e do seu transporte (relacionado com a distância entre a central CSP e a fonte de água) começou a desempenhar um papel importante na estimativa da economia global da central CSP *(Andreas, et al., 2013)*.

A partir da Tabela 8, o consumo anual de água das tecnologias CSP de sal fundido em calha parabólica é cerca de 24% inferior ao da tecnologia CSP de torre solar de sal fundido. Isto deve-se ao facto de a central de calha parabólica gerar menos energia do que a central de torre solar. Por conseguinte, necessitará de menos água para o processo de arrefecimento durante o funcionamento.

7.2 Resultados financeiros e discussão

Os resultados financeiros gerados pelo SAM 2014.1.14 são apresentados na Tabela 9 para as tecnologias CSP consideradas no local de estudo.

__Tabela 9:__ Resultados financeiros das tecnologias CSP no local de estudo

	Variáveis		Tecnologias/Valores CSP	
			Solar Torre	Calha parabólica
Principais métricas				
	LCOE(Nominal)	$/kWh	0.286	1.081
	LCOE(Real)	$/kWh	0.137	0.525
	FIT para a produção de energia solar em 2015 na Nigéria$/kWh		0.524	0.524
	TIR%		18.48	0.22
	Valor atual líquidoM$		58.99	- 270.63

O valor atual líquido (VAL), o critério mais amplamente aceite para determinar a atratividade financeira de um projeto pelos analistas financeiros, economistas e contabilistas, foi utilizado neste estudo.

7.2.1 Valor atual líquido

O valor atual líquido (VAL) de um projeto é o valor atual total de uma série temporal de fluxos de caixa do projeto. Por outras palavras, o VAL de um projeto é a diferença entre os fluxos de caixa descontados (entradas e saídas) do projeto.

A partir da Tabela 9, o Valor Atual Líquido (VAL) das tecnologias CSP consideradas é de $M58,99 e - $M270,63 para as tecnologias de torre solar e de calha parabólica, respetivamente. O resultado indica que o projeto CSP de torre solar de sal fundido é economicamente viável, enquanto o projeto CSP de calha parabólica de sal fundido não o é. A viabilidade da central CSP de torre solar de sal fundido implica também que dará uma taxa interna de rendibilidade (TIR) superior à taxa interna de rendibilidade exigida de 15%, conforme indicado no resultado (18,48%).

7.2.2 Custo nivelado da eletricidade

O Custo Nivelado da Eletricidade (LCOE), uma avaliação económica do custo da energia de um sistema de produção, é o preço a que a eletricidade deve ser produzida a partir de uma fonte específica para atingir o ponto de equilíbrio durante o tempo de vida do projeto. Por outras palavras, é simplesmente o custo da eletricidade produzida por um gerador. Uma vez que a análise se refere a uma situação a longo prazo, o LCOE real será mais adequado para qualquer discussão.

A partir da Tabela 9, a central CSP de colectores parabólicos tem o valor LCOE real mais elevado, de 0,525 US\$/kWh, tendo a central CSP de torre de elevação um valor de 0,137 US\$/kWh. Isto significa simplesmente que o custo de produção de eletricidade da central CSP de sal fundido em forma de calha parabólica é cerca de 74% superior ao da central CSP de torre solar de sal fundido. Além disso, o LCOE da central de torre solar de sal fundido é inferior ao atual Feed - in Tarriffs (FIT) para a produção de energia solar na Nigéria (0,524 US\$/kWh). O LCOE da calha parabólica de sal fundido é um pouco superior ao FIT. Isto também indica que a central parabólica de sal fundido não será economicamente viável (ou seja, durante o tempo de vida dos projectos, o projeto atingirá o ponto de equilíbrio) no local de estudo.

8. Conclusões

A partir do desempenho e dos resultados financeiros deste estudo, a central CSP de torre solar de sal fundido tem a maior produção anual de energia eléctrica, o maior fator de capacidade, o maior valor atual líquido, o menor custo nivelado de energia e o maior custo de venda de energia no local de estudo. A partir das conclusões acima referidas, a central CSP de torre solar é a mais indicada para ser adoptada no local de estudo.

Se as centrais CSP forem colocadas em funcionamento em todas as zonas rurais e urbanas do Norte da Nigéria, há a garantia de disponibilidade de eletricidade limpa e a preços acessíveis, o que terá um contributo significativo para a redução do nível de emissões de carbono resultantes da dependência dos combustíveis fósseis no sector da energia, conduzindo assim à melhoria da qualidade de vida dos cidadãos. Além disso, a tecnologia CSP melhorará as actividades industriais na região; para além do fornecimento de energia, as actividades industriais que exigem temperaturas mais elevadas podem obter a sua energia térmica a partir das centrais CSP. Indústrias como a têxtil, a alimentar, a metalúrgica, a dos plásticos, a dos lacticínios e a do couro, que se encontram nesta região, podem utilizar a energia térmica das centrais CSP para as suas operações industriais. Se a Nigéria conseguir aproveitar efetivamente o seu potencial solar para centrais térmicas, pode passar de uma nação rica em petróleo para uma nação rica em energia solar.

9. Referências

Arobieke, O; Oni, O; Osafehinti, I; Oluwajobi, F; Kayode, I & Olusolade, M (2012): Produção de energia eléctrica renovável:-A opção de sustentação energética para a Nigéria. *Jornal de Tecnologias e Políticas Energéticas*, 2(6).

Andreas, P; Ioannis, H & George, K (2013): A Comparative Overview of Wet and Dry Cooling Systems for Rankine Cycle Based CSP Plants. *Journal of Trends in Heat and Mass Transfer Publications* (13), 29 - 50.

Azoumah, Y; Ramde, E.W; Tapsoba, G & Thiam, S (2010): Orientações para a instalação de centrais de concentração de energia solar no Sahel: - Um estudo de caso do Burkinafaso. *Solar Energy* (84), 1545 - 1553.

Bala, E. J; Ojosu, J. O & Umar, I. H (2000): Políticas e programas governamentais sobre o desenvolvimento do subsector solar-PV na Nigéria. *Nigerian Journal of Renewable Energy*, 8(1), 1 - 6, 2000.

Emerging Energy Research (2010): Global Concentrated Solar Power Markets and Strategies: 2010 - 2025, IHS, Cambridge, MA.

Ernst & Young & Fraunhofer (2011): MENA Assessment of the Local Manufacturing Potential for Concentrated Solar Power (CSP) Projects. Banco Mundial, Relatório Final, Washington, D.C.

Folayan, C. O (1988): Estimativa da radiação solar global para algumas cidades nigerianas. *Nigerian Journal of Solar Energy* (7), 36 - 48, 1998.

Guzman, L; Henao, A & Vasqueza, R (2013): Simulação e otimização de uma usina solar de calha parabólica na cidade de Barranquilla usando o System Advisor Model (SAM). *Energy Procedia*, 57 (2014), 497 - 506. Disponível em linha em www.Sciencedirect.com

Habib, S. L; Idris, N. A; Ladan, M. J & Mohammad, A. G (2012): Unlocking Nigeria's Solar PV and CSP Potentials for Sustainable Electricity Development. *Revista Internacional de Investigação Científica e de Engenharia*, 3(5). maio, 2012.

Hoyer-Klick, C; Hustig, F; Schwandt, M & Meyer, R (2009): Anos meteorológicos característicos a partir de dados terrestres e de satélite. *Actas do Solar PACES 2009*. Berlim, Alemanha.

IRENA (2012): Concentrating Solar Power, Renewable Energy Technologies: Série de Análise de Custos. Volume I: Power Sector, Secretariado da IRENA, Abu Dhabi.

Kalogirou, S. A (2010): Geração de energia solar termoeléctrica em Chipre Seleção dos melhores sistemas. Congresso Mundial de Energias Renováveis XI Proceeding, Abu Dhabi, UAE, 1585 - 90.

Muye, H. M (2016): Adoção de sistemas de energia solar em comunidades remotas e rurais da Nigéria. *International Journal of Science & Technowledge,* Vol. 4, Issue 1, pp. 23 - 28, janeiro, 2016.

Muye, H. M; Aliyu, G & Mohammed, K. I (2015): Simulação do comportamento da usina de energia solar concentrada de torre solar de sal fundido em três cidades do norte da Nigéria. *Revista Internacional de Investigação em Engenharia e Tecnologia,* 4(7), 500 - 506.

NASA (2011): NASA Surface Meteorology and Solar Energy - Localização.http://eosweb.larc.nasa.gov/cgi-bin/sse/grid.cgi?email=na Ed: NASA. 2011.

Avaliação Climática da Nigéria, Relatório Preliminar (Banco Mundial / Decisão Lumina) 2011.

Newsom, C (2012): Renewable Energy Potential in Nigeria: - Low - carbon Approaches to Tackling Nigeria's Energy Poverty. Publicado pelo Instituto Internacional para o Ambiente e Desenvolvimento

NREL (2012): Concentrating Solar Power Projects Database, Departamento de Energia dos EUA, disponível em Http: / /www.nrel. gov/csp/solar paces /by_country.cfm.

Olumide, O & Adrew, M (2013): Tecnologia CSP e sua contribuição potencial para o fornecimento de eletricidade no norte da Nigéria. *Revista Internacional de Investigação em Energias Renováveis*, 3(3).

Philibert, C; Frankl, P & Dobrotkova, Z (2010): Concentrating Solar Power Technology Roadmap. Agência Internacional da Energia, Paris.

Poullikkas, A., Hadjipaschalis, I & Kourtis, G (2009): Renewable and Sustainable Energy Reviews (13), 2474 - 2484.

REN21 (2014): Renewable 2014: - Global Status Report.

SAM Versão 2014.1.14 Documentação do utilizador. Overview of Molten Salt Solar Tower CSP (Visão geral da torre solar de sal fundido CSP). Laboratório Nacional de Energias Renováveis, Golden, CO.

Sambo, A. S (1986): Empirical Model for the Correlation with Global Solar Radiation with Meteorological Data for Northern Nigeria. *Solar and Wind Technology* (3), 89 - 93.

Usman, M (2012): Rural Solar Electrification in Nigeria:- Renewable Energy Potentials and Distribution for Rural Development. Disponível em: http://ases.conferenceservices.net/resources/252/2859 /pdf/SOLAR2012_0232_full%20paper.pdf [2012, junho/ 19].

Wagner, M & Kutscher, C (2010): The Impact of Hybrid Wet/Dry Cooling on Concentrating Solar Power Plant Performance (O Impacto do Arrefecimento Híbrido Húmido/Seco no Desempenho da Central Solar de Concentração). *Actas da 4ª Conferência Internacional sobre Sustentabilidade Energética*, ASME. Arizona, EUA.

Wagner (2008): Simulação e Modelação Preditiva do Desempenho de Centrais Eléctricas do Sistema de Receptores Centrais à Escala da Utilidade.

Woodhead Publishing Limited (2012): Tecnologias de energia solar concentrada: - Princípios, desenvolvimentos e aplicações. Woodhead Publishing, Energy Series (21), 10 - 13.

Http://www.csp-world.com /CSP Facts & Figures. (Acedido em 2014, 22 de abril).

Http://www.tradmgeconomics.com/mgeria. (Acedido em 15 de abril de 2015).

10. Bibliografia

Abbas, M; Aburideh, H; Belgroun, Z. T & Kasbadji, N. M (2014): Estudo Comparativo de duas Configurações de Torre de Energia Solar para Geração de Eletricidade na Argélia. In Proceeding of the 6th International Conference on Sustainability in Energy and Buildings, SEB - 14. Disponível em linha em www.sciencedirect.com

Gilman, P (2008): SAM Users guide, Laboratório Nacional de Energias Renováveis.

Guzman, L; Henna, A & Vasquez, R (2014): Simulação e otimização da planta de energia solar de calha parabólica na cidade de Barranquilla usando o modelo de consultor de sistema (SAM). Energy Procedia, 57, pp 497 - 506. Disponível online em www.sciencedirect.com

Ortega, J. I; Burgalate, J. I & Tellez, F. M (2008): Central de energia solar com recetor central utilizando sal fundido como fluido de transferência de calor. Jornal de Engenharia de Energia Solar, 130 (2), 024501.

http://www.tradingeconomics.com/nigeria/electric-power-consumption-kwh-per-capita-wb-data.html. (Acedido em 15 de abril de 2015).

http://sam.nrel.gov/forum- apoio

http://www.nrel.gov/analysis/sam

http://www.SolarelectricityHandbook.com/Solar Irradiância.html